這本書屬於：

繪本 0257

乖乖溜滑梯

文‧圖｜陳致元

責任編輯｜黃雅妮、陳毓書　美術設計｜林家蓁　改版設計｜王瑋薇　行銷企劃｜陳詩茵

天下雜誌群創辦人｜殷允芃　董事長兼執行長｜何琦瑜

兒童產品事業群

副總經理｜林彥傑　總編輯｜林欣靜　主編｜陳毓書　版權專員｜何晨瑋、黃微真

出版者｜親子天下股份有限公司 地址｜台北市 104 建國北路一段 96 號 4 樓

電話｜（02）2509-2800 傳真｜（02）2509-2462 網址｜www.parenting.com.tw

讀者服務專線｜（02）2662-0332　週一～週五：09:00~17:30

讀者服務傳真｜（02）2662-6048

客服信箱｜bill@cw.com.tw

法律顧問｜台英國際商務法律事務所‧羅明通律師

製版印刷｜中原造像股份有限公司

總經銷｜大和圖書有限公司　電話：（02）8990-2588

出版日期｜2017 年 5 月第一版第一次印行

　　　　　2022 年 5 月第二版第四次印行

定　價｜280 元　書　號｜BKKP0257P　ISBN｜978-957-503-652-2（精裝圓角）

訂購服務 ─────

親子天下 Shopping｜shopping.parenting.com.tw　海外‧大量訂購｜parenting@cw.com.tw

書香花園｜台北市建國北路二段 6 巷 11 號 電話（02）2506-1635　劃撥帳號｜50331356 親子天下股份有限公司

立即購買 >

乖乖坐在一個很高很高的
滑梯上，坐了好久好久。

大家說：

「溜下來、溜下來。」

朵朵說：

「換我溜滑梯了。」

乖乖說：「不行，我先來的，
我要先溜滑梯。」

克克走上溜滑梯說：「請你趕快溜下去。」
乖乖說：「我還在想一個厲害的
方法溜滑梯。」

朵朵說：「媽媽說不可以用奇怪的
方法溜滑梯，那樣會受傷。」

乖乖坐在滑梯上，沒有溜下來。

毛毛、拉拉、泡泡一起走上滑梯，說：
「換我們溜滑梯，我們等很久了。」

乖乖說：「可是我還沒有決定要用什麼厲害的方法溜滑梯。」
「而且，是我先來的，我要先溜滑梯。」

乖乖坐在滑梯上， 沒有溜下來。
大家生氣的說：「乖乖， 快點溜下來，
我們要溜滑梯。」

乖乖哭了起來，
「我想溜滑梯，可是我不敢。」

剛剛走上來的大大說：
「不要怕，我陪你一起溜滑梯。」

大大和乖乖
一起溜滑梯。

「再來一次。
我要溜了喔！」
乖乖說。

現在，乖乖可以自己溜滑梯了。

大家一起排隊玩溜滑梯，咻──真好玩！

乖乖和朋友一起玩

翹翹板，一人坐一邊。

玩跳繩，抬腳
往上跳。

玩沙堆，一起
蓋城堡。

平衡木，雙手張開走。